Henri GADEAU DE KERVILLE

CAUSERIES

SUR LE

TRANSFORMISME

II

Historique et Progrès de la doctrine transformiste.

L'histoire même du transformisme nous offre, en quelque sorte, une vérification de sa doctrine.

(MATHIAS DUVAL).

Conférence faite à la Société d'Etude des Sciences naturelles d'Elbeuf (séance du 6 janvier 1886)

ELBEUF
IMPRIMERIE ALLAIN ET LECLER
3, rue Saint-Jacques, 3.

1886

PRINCIPAUX TRAVAUX DU MÊME AUTEUR

Les Insectes phosphorescents, avec 4 pl. chromolithographiées; Rouen, Léon Deshays, 1881.

Comptes-rendus des 19e, 20e, 21e, 22e et 23e réunions des Délégués des Sociétés savantes à la Sorbonne (Sciences naturelles), 1881, 1882, 1883, 1884 et 1885, in Bull. Soc. Amis Sciences natur. de Rouen, 1er sem. des années 1881, 1882, 1883, 1884 et 1885. (Le dernier avec 3 pl. en héliogravure et 1 pl. en couleur).

Liste générale des Mammifères sujets à l'albinisme, par Elvezio Cantoni, traduction de l'italien et additions, in Bull. Soc. Amis Sciences natur. de Rouen, 1er sem. 1882.

De l'action du mouron rouge sur les oiseaux, in Compt.-rend. hebdom. séanc. Soc. de Biologie (séance du 8 juillet 1882).

De l'action du persil sur les Psittacidés, in Compt.-rend. hebdom. séanc. Soc. de Biologie (séance du 20 janvier 1883).

De l'action du persil sur les Psittacidés (nouvelles expériences et Notes complémentaires). Rouen, Léon Deshays, 1883.

De la structure des plumes et de ses rapports avec leur coloration, par le Dr Hans Gadow, de Cambridge (Angleterre), traduit de l'anglais et annoté, in Bull. Soc. Amis Sciences natur. de Rouen, 1er sem. 1883, avec 1 pl. lithographiée.

Mélanges entomologiques, 3 mémoires, 1er sem. 1883, 2e sem. 1883, et 1er et 2e sem. 1884, in Bull. Soc. Amis Sciences natur. de Rouen, 1er sem. 1883, 2e sem. 1883, et 2e sem. 1884.

(Voir la suite au recto de la dernière page.)

CAUSERIES

SUR LE

TRANSFORMISME

II

Historique et Progrès de la doctrine transformiste.

---

*Conférence faite à la Société d'Etude des Sciences
naturelles d'Elbeuf (séance du 6 janvier 1886)*

PAR

Henri **GADEAU DE KERVILLE**

Membre de cette Société

ELBEUF

Imprimerie ALLAIN et LECLER, 3, rue Saint-Jacques

1886

CAUSERIES

SUR

LE TRANSFORMISME

II

Historique et Progrès de la doctrine transformiste

Conférence faite à la Société d'Etude des Sciences naturelles d'Elbeuf (séance du 6 janvier 1886)

PAR

HENRI GADEAU DE KERVILLE

Membre de cette Société.

Messieurs,

La doctrine transformiste, semblable à la plupart des grandes conceptions scientifiques, n'est pas sortie, entièrement terminée, du cerveau d'un homme de génie, comme Minerve, qui d'après la fable antique, s'élança tout armée du cerveau de Jupiter. Il a fallu, pendant plusieurs siècles, de nombreux et de puissants esprits pour l'établir, et il faudra beaucoup de temps encore pour qu'elle soit universellement adoptée. Cette doctrine, indiquée d'abord sous des formes vagues et incertaines par quelques anciens naturalistes, a eu ses heures de célébrité, séparées par de longues périodes d'oubli. Au commencement de ce siècle, notre grand Lamarck l'a formulée le premier d'une manière scientifique ; Etienne Geoffroy-Saint-Hilaire l'a vaillamment défendue contre son redoutable adversaire Cuvier ; enfin, grâce à Charles Darwin, elle occupe actuellement dans la science une place considérable.

J'ai eu l'honneur de faire ici, dans ma première Causerie, l'exposé de la doctrine transformiste. Aujourd'hui, je vais essayer d'en esquisser à grands traits l'historique (1) et les progrès les plus récents. Cette Causerie sera donc plutôt du domaine de l'histoire que de celui de la science, mais la question du transformisme a une importance si grande au point de vue des conquêtes de l'esprit humain, que je ne saurais passer sous silence les principales phases par lesquelles a passé cette simple et admirable conception.

Les philosophes de l'antiquité, comme vous le savez, Messieurs, ne possédaient que des notions fort obscures sur les êtres vivants, et avaient parfois, sur l'origine et les diverses fonctions des animaux et des végétaux, les idées les plus singulières et les plus fantaisistes.

Parmi ces philosophes anciens, qui s'efforçaient d'expliquer tous les phénomènes de la nature sans le secours du miracle ou d'une force extérieure au

---

(1) Je me suis beaucoup servi, pour rédiger cet historique, de l'excellent et très-utile ouvrage d'Edmond Perrier, déjà cité dans ma première Causerie, et d'une savante Conférence d'Ernest Haeckel, traduite dans la *Revue scientifique. (Association des Naturalistes allemands. — Session d'Eisenach. — Darwin, Goethe et Lamarck,* par E. Haeckel, in *Revue scientifique,* n° du 2 décembre 1882, p. 705).

monde matériel, nous devons citer Anaximandre (vers 610-547 av. J.-C.), qui fut peut-être, comme le dit Haeckel (1), le plus remarquable des philosophes ioniens.

Anaximandre supposait que les organismes primitifs, produits au sein des eaux par l'action du soleil, ont donné naissance aux animaux et aux végétaux terrestres, lesquels, en changeant de milieu, se sont adaptés à leurs nouvelles conditions d'existence. Enfin, d'après Anaximandre, l'Homme lui-même dérive d'organismes aquatiques analogues aux poissons.

Plus tard, deux autres philosophes, Héraclite, d'Ephèse (vers 540-480 av. J.-C.) et Empédocle, d'Agrigente (vers 450-390 av. J.-C.) prétendaient qu'il existe dans le monde une lutte universelle et une continuelle mobilité des formes organiques ; cette mobilité, d'après ce dernier philosophe, étant produite par le concours fortuit de forces qui se combattent.

A côté de ces grands penseurs de l'antiquité classique, il nous faut citer encore Thalès, de Milet (vers 640-548 av. J.-C.),qui fut le fondateur de l'Ecole d'Ionie ; Anaximène (vers 570-500 av. J.-C.) ; et Démocrite (vers 460-357 av. J.-C.), dans les écrits desquels sont énoncées, d'une façon très-vague, quelques-unes de nos idées actuelles sur l'évolution des êtres vivants.

Une soixantaine d'années avant l'apparition du Christianisme,la lutte pour la vie, base fondamentale

______

(1) *Op. cit.*, p. 709.

de la théorie darwinienne, fut indiquée d'une manière assez nette par le grand poète matérialiste Lucrèce (95-52 av. J.-C.), dans son célèbre poëme didactique *De natura rerum* (lib. V). Ce passage a un si grand intérêt sous ce rapport, que je crois utile de le reproduire ici :

« D'abord, la terre revêtit les collines d'une fraîche parure, uniquement formée par les herbes, et, dans toutes les campagnes, les prairies verdoyantes s'émaillèrent de fleurs. Puis s'établit entre les arbres variés une lutte magnifique, chacun s'efforçant de porter plus haut ses rameaux dans les airs. De même que le duvet, le poil et les soies, naissent d'abord sur les membres des quadrupèdes et le corps des oiseaux, ainsi la jeune terre se couvrit d'abord d'herbes et d'arbrisseaux ; elle créa plus tard, par des procédés divers, l'innombrable cohorte des êtres mortels, car les animaux ne peuvent être tombés du ciel et les plantes ne purent sortir des abîmes de la mer. Laissons donc à la terre ce nom de mère, qu'elle mérite si bien, puisque tout a été tiré de son sein..... Dans les premiers siècles, beaucoup de races d'animaux ont nécessairement dû disparaître, sans pouvoir se reproduire et se perpétuer ; car tous ceux que nous voyons vivre autour de nous ne sont protégés contre la destruction que par la ruse, la force ou l'agilité, qu'ils ont reçues en naissant. Beaucoup, qui se recommandent par leur utilité pour nous, ne persistent qu'en raison de la défense que nous leur accordons. La race cruelle des Lions et les autres espèces de bêtes féroces sont protégés par leur force, le Renard par sa ruse, le Cerf par la rapidité de sa course. La gent fidèle et vigilante des Chiens, toute la progéniture des bêtes de somme, les troupeaux producteurs de laine et les bêtes à cornes, ont été confiés à la protection des hommes... Mais pourquoi aurions-nous protégé les animaux inutiles, que la nature n'avait pas doués des qualités nécessaires pour mener une existence indépendante ? Enchaînés par les liens de la fatalité, ces êtres ont servi de proie à leurs rivaux, jusqu'à ce que la nature ait entièrement détruit leurs espèces ». Ce passage n'est-il pas, Messieurs, une exposition lucide de la lutte pour la vie et de la sélection naturelle qui en est la conséquence ?

Les philosophes illustres, que je viens de citer, cherchaient à expliquer tous les phénomènes par des causes naturelles, en dehors de toute puissance occulte et mystérieuse ; et ils avaient pu se débarrasser des croyances erronées de leur temps, pour étudier la nature avec un esprit vraiment libre, sans s'inquiéter des multiples dangers que des idées aussi neuves et aussi hardies pouvaient leur susciter.

A toutes les époques de l'humanité, nous retrouverons de ces grands penseurs, et leur nombre ira sans cesse en augmentant, de concert avec les progrès intellectuels, arrivés aujourd'hui à un si haut développement.

Au Moyen-âge, — cette longue période pendant laquelle l'intelligence était étouffée par d'iniques persécutions, — les sciences naturelles ne firent pas de progrès. A l'époque de la Renaissance, les naturalistes comme Rondelet (1507-1566), Conrad Gesner (1516-1565), Pierre Belon (1518-1564), Aldrovande (1527-1605), etc., s'occupaient plutôt de rassembler des faits et de décrire les animaux et les végétaux, que de formuler des conclusions générales. Cependant, nous voyons dès cette époque le philosophe anglais François Bacon (1561-1626) affirmer, pour la première fois, la variabilité et la transformation possible des espèces. Bacon essaya même, dans sa *Nova Atlantis* et dans ses *Sylva sylvarum, or a Natural History*, d'indiquer les règles à suivre pour changer les plantes d'une espèce en une autre.

C'est au dix-huitième siècle que la philosophie scientifique va briller d'un éclat tout nouveau.

L'illustre savant qui a donné à l'histoire naturelle, par la nomenclature binaire, une précision inconnue jusqu'à lui, et qui a contribué si puissamment à ses progrès, le grand Linné (1707-1778), se présente à nous sous deux aspects bien différents, suivant que nous envisageons les idées qu'il a émises dans ses grands ouvrages ou celles qui se trouvent dans ses dernières productions.

Dans ses grands ouvrages, Linné professe hautement la doctrine de l'immutabilité des formes organiques, et soutient qu'il existe « autant d'espèces qu'il est sorti de couples des mains du Créateur ». Linné prend même la peine de nous faire comprendre que la nature actuelle est l'image du Paradis terrestre,

agrandie par la multiplication des individus qui
étaient, à l'origine, la souche de toutes nos espèces
animales et végétales; et il n'oublie pas, dans ses
explications sur le développement de ces espèces, de
parler du déluge mosaïque et de l'arche de Noé.

Tout autre est Linné dans ses derniers travaux.
Après avoir étudié la nature d'une manière
approfondie; après avoir examiné, pour les décrire,
une innombrable quantité d'espèces d'animaux et
de végétaux, les idées qu'il avait sur leur fixité se
modifièrent peu à peu, et à une rigoureuse ortho-
doxie succédèrent, dans son esprit, des vues plus
conformes à la réalité des faits. « J'ai longtemps
nourri le soupçon, dit-il (1), et je n'ose le présenter
que comme une hypothèse, que toutes les espèces
d'un même genre n'ont constitué, à l'origine, qu'une
même espèce qui s'est diversifiée par voie d'hybridité. Il n'est pas douteux que ce ne soit là l'une des
grandes préoccupations de l'avenir, et que de nombreuses expériences ne soient instituées, pour con-
vertir cette hypothèse en un axiome établissant que
les espèces sont l'œuvre du temps ».

En résumé, Linné ne saurait être considéré comme un vrai transformiste, car il ne parait pas attacher
une grande importance à ces vues hypothétiques,
qu'il émet sans les discuter. Ajoutons qu'il donne,
contrairement à la théorie darwinienne, une influence
prépondérante à l'hybridité, dans la formation des

---

(1) Linné. — *Amoenitates Academicae*, Erlangen, t. VI,
p. 246.

2

espèces, et qu'il semble avoir complètement ignoré les véritables causes de l'évolution des organismes, telles que la lutte pour la vie, la sélection naturelle, l'action modificatrice du milieu ambiant, etc.

L'exemple de Linné et de beaucoup d'autres naturalistes est, à un certain point de vue, des plus démonstratifs. Nous voyons, en effet, un savant d'une immense valeur, profondément imbu de convictions à priori, abandonner peu à peu ses convictions préconçues, à mesure qu'il étudie plus complètement la nature, pour adopter enfin la vraie science, c'est-à-dire celle qui ne relève que d'elle-même.

Le problème de l'origine des espèces, déjà posé par quelques philosophes et par plusieurs naturalistes, est loin encore d'être résolu d'après un raisonnement rigoureux, appuyé sur de multiples preuves tirées de l'observation et de l'expérience. « Mais, dit Edmond Perrier (1), un autre naturaliste, aussi puissamment doué que Linné, quoique d'un génie bien différent, libre d'ailleurs de toute attache dogmatique, assez fort pour se dégager de toute idée préconçue, s'engage dans une direction où le suivront bientôt une succession ininterrompue de brillants disciples. Cet homme, c'est Buffon (1707-1788). Avec lui s'ouvre pour la philosophie zoologique une ère nouvelle. Tout va désormais se préciser, et le progrès se précipitera à ce point qu'un

____

(1) *Op. cit.*, p. 55.

demi-siècle fera plus pour la conquête de la vérité que tous les siècles écoulés depuis Aristote ».

Si nous avons eu à considérer les dernières vues de Linné sur l'origine des espèces comme bien différentes de celles qu'il avait émises dans ses grands ouvrages, il nous faut voir en Buffon trois philosophes différents. En effet, ce grand naturaliste, qui fut d'abord convaincu de la fixité des espèces, a émis plus tard des idées nettement transformistes, pour revenir ensuite, sur le déclin de sa vie, à des vues intermédiaires, le portant à considérer l'espèce comme un type à la fois changeant et fixe, c'est-à-dire pourvu de plusieurs caractères inaltérables. Néanmoins, l'idée d'une filiation des êtres vivants, qui nécessite la variabilité des espèces, est certainement la théorie que Buffon préférait, car c'est elle qui est le plus en rapport avec ses idées générales. Aussi, pouvons-nous dire, avec Edmond Perrier (1), que l'unité d'origine de tous les êtres vivants, animaux ou végétaux; l'unité d'origine des animaux de même type ; le peuplement par migration des continents ; la disparition des espèces anciennes, vaincues dans ce que Charles Darwin appellera plus tard la lutte pour la vie; l'apparition d'espèces nouvelles par dégénérescence ou perfectionnement des espèces déjà existantes; l'évolution graduelle de l'espèce humaine, sont déjà entrevus par Buffon à la fin de sa carrière. Et toutes ces grandes idées que Buffon devine en quelque sorte, vers lesquelles il est invinciblement

---

(1) *Op. cit.*, p. 68.

entraîné par la puissante et rigoureuse logique de son génie, sont précisément celles qui commencent aujourd'hui, appuyées sur un ensemble imposant de recherches, à triompher de tous les scrupules.

Un contemporain de Linné et de Buffon, Charles Bonnet (1720-1793), observateur éminent, émule de Réaumur, de Degeer et de Trembley, mais philosophe hardi et souvent fantaisiste, admet que les animaux, les végétaux et les minéraux, forment entre eux une chaîne ininterrompue ; et il construit, pour montrer cette filiation, un arbre généalogique resté célèbre, mais où subsistent les erreurs les plus singulières. Ainsi, dans cet arbre généalogique, Bonnet range l'un près de l'autre l'Ecureuil volant, la Chauve-Souris et l'Autruche. A côté des serpents, il met les Limaces et les Limaçons. Il place le Ténia ou Ver solitaire dans le voisinage des insectes, et il fait figurer, non loin des végétaux, l'Amiante, les Gypses et les Ardoises.

C'est aussi à ce naturaliste que l'on doit la fameuse théorie de la préexistence et de l'emboîtement des germes. Bonnet prétend que les germes des êtres vivants, qui sont d'une effrayante petitesse, ont tous été créés à l'origine de notre planète, et que ces germes, logés dans des substances les plus diverses où ils sont emboîtés les uns dans les autres, attendent l'arrivée des conditions nécessaires pour leur développement. Il n'y a donc jamais de véritable génération, mais simplement une évolution, un développement d'un germe préexistant. De plus, ces germes

invisibles sont aussi indestructibles, car lorsqu'un
organisme est anéanti d'une manière quelconque, les
germes qu'il renfermait sont mis en liberté et se
logent dans n'importe quelle substance. «Des germes
indestructibles, dit Bonnet (1), peuvent être dispersés
sans inconvénient dans tous les corps particuliers
qui nous environnent. Ils peuvent séjourner dans tel
ou tel corps jusqu'au moment de sa décomposition,
passer ensuite sans la moindre altération dans un
autre corps, de celui-ci dans un troisième, etc. Je
conçois avec la plus grande facilité, ajoute-t-il, que
le germe d'un Eléphant peut loger d'abord dans une
molécule de terre, passer de là dans le bouton d'un
fruit, de celui-ci dans la cuisse d'une Mite, etc.».
Rien ne s'oppose, dit-il encore, à ce que la puissance
absolue ait pu renfermer dans le premier germe de
chaque être organisé, la suite des germes correspon-
dant aux dernières révolutions de notre planète.

D'après Bonnet, il se produit aux différentes révolutions du globe un changement dans les faunes et
dans les flores, par suite de l'anéantissement de
toutes les espèces d'une même période géologique.
Mais les germes indestructibles des espèces de la
période suivante, qui étaient à l'état latent dans des
substances quelconques, se développent alors sous
les influences spéciales de cette dernière période, sans
qu'il y ait pour cela de nouvelles créations.

Comme vous le voyez, Messieurs, les théories phi-

______

(1) Charles Bonnet.—*Palingénésie philosophique. Œuvres
complètes,* édit. de Neufchâtel, t. III, p. 152.

losophiques de Bonnet sont des théories fantaisistes, et, par cela même, absolument différentes du transformisme actuel, qui repose sur un très-grand nombre de faits scientifiques maintes fois constatés. N'est-il pas étrange de voir combien les spéculations de l'esprit, en dehors de toute expérience et de toute observation, peuvent détourner un homme de la saine raison, même quand cet homme est, à certains moments, un observateur du plus haut mérite, célèbre par de patientes découvertes comme celle de la parthénogenèse des Pucerons, même quand cet homme s'appelle Charles Bonnet.

A l'époque où ce dernier naturaliste faisait connaître ses idées singulières sur le développement des organismes, idées qui eurent néanmoins un très-grand nombre de partisans, deux autres philosophes d'une imagination vive, de Maillet (1656-1738), plus connu sous le pseudonyme de Telliamed (1), qui est l'anagramme de son nom, et Robinet (1735-1820), proposaient, pour expliquer l'origine des espèces, un transformisme bizarre, établi sur des conceptions presque toujours fantaisistes. Ainsi, pour en donner un exemple, de Maillet prétendait que tous les animaux, et les Hommes eux-mêmes, avaient été primitivement marins, et Robinet, poussant ses idées à

---

(1) L'ouvrage dans lequel sont exposées les idées philosophiques de de Maillet, et qui a pour titre : *Telliamed, ou Entretiens d'un philosophe indien avec un missionnaire français sur la diminution de la mer*, etc., n'a été publié qu'en 1748, à Amsterdam. La seule édition complète a paru à La Haye, en 1755.

l'extrême, admettait que toute la matière est vivante, et que les étoiles, le soleil, les planètes et la terre, sont des animaux.

Laissons, avec leurs étranges théories, ces philosophes qui surent néanmoins deviner quelques-unes de nos idées actuelles sur l'évolution des espèces, et arrivons maintenant au Dr Erasme Darwin (1731-1802), le grand-père de l'illustre rénovateur du transformisme.

Dans sa *Zoonomia*, Erasme Darwin rejette la doctrine de l'emboîtement des germes, et suppose que l'embryon est un filament, constitué probablement par l'extrémité d'une fibre nerveuse motrice. Ce filament embryonnaire a des propriétés qui lui sont spéciales, et d'autres qu'il tient de ses parents, puisque, à un moment donné, il a fait partie de leur substance. Lorsqu'il s'accroît par l'addition de matière vivante, de nouveaux organes se forment, et avec eux apparaissent des facultés nouvelles ; ces facultés créent des besoins, lesquels déterminent à leur tour des habitudes qui causent, en partie, la transformation des espèces. Tous les filaments embryonnaires, créés à l'origine, étaient primitivement très-simples, mais doués de propriétés différentes, et, en se perfectionnant, ils ont donné naissance aux trois grandes classes des vertébrés, des articulés, et des vers, qui se sont développées par la suite d'une manière parallèle, sous l'action de besoins particuliers.

Telle est la théorie d'Erasme Darwin, fondée sur l'épigenèse, c'est-à-dire sur la formation d'un organisme par l'addition successive de ses diverses parties; le nouvel individu étant d'abord à l'état d'ovule, puis de germe, et finalement d'embryon, comme le démontrent de la façon la plus nette toutes les recherches embryologiques.

En parlant de l'évolution des organismes, Erasme Darwin arrive presque à la conception de la lutte pour la vie, mais il suppose que les individus éprouvent des modifications pour atteindre un but déterminé, tandis que, d'après la théorie de Charles Darwin, ce but est atteint par la sélection naturelle, sans l'intervention directe et pour ainsi dire à l'insu des individus eux-mêmes. « Sur la réalité de la sélection naturelle, comme le dit Edmond Perrier (1), le grand-père et le petit-fils sont d'accord, mais le point de vue philosophique auquel ils se placent est fort différent. Pour Erasme Darwin, comme pour Lamarck, les animaux acquièrent des organes en vue de la satisfaction de tel ou tel besoin; pour Charles Darwin, ces organes apparaissent accidentellement; la sélection naturelle conserve et perfectionne ceux qui sont utiles et laisse s'éteindre ceux qui ne le sont pas ». En définitive, la théorie d'Erasme Darwin est ingénieuse, mais elle nous laisse entièrement ignorants sur les causes de faits, que Charles Darwin nous expliquera d'une manière très-satisfaisante pour la raison, en donnant à l'appui de ses démonstrations un nombre considérable de preuves scientifiques.

(1) *Op. cit.*, p. 51.

Je vais maintenant vous parler, Messieurs, de notre grand Lamarck, de celui qui a établi, pour la première fois, le transformisme scientifique. Ce naturaliste célèbre naquit le 1ᵉʳ août 1744, à Bazentin, petit village du département de la Somme. Bien que destiné par sa famille à l'état ecclésiastique, Lamarck n'entra cependant pas dans les ordres religieux et s'enrôla, après la mort de son père, dans un régiment de notre armée, alors en Westphalie, où il se fit remarquer par sa vaillante conduite. Mais sa santé délicate ne lui permettant pas de continuer le rude métier des armes, il abandonna la carrière militaire, se voua entièrement aux sciences, et se mit, avec passion, à étudier la botanique, sur laquelle il composa des ouvrages remarquables.

Au moment de la Convention, Lakanal, qui organisait l'enseignement des sciences naturelles et qui avait su apprécier la valeur de Lamarck, fit créer pour lui au Muséum de Paris, en 1793, une chaire des animaux invertébrés, qu'occupe aujourd'hui avec tant de distinction M. Edmond Perrier. A partir de cette époque, Lamarck se livra exclusivement à la zoologie et publia son plus important ouvrage descriptif, l'*Histoire naturelle des animaux sans vertèbres*, qui lui valut le titre de Linné français. Enfin, il fit paraître, en 1809, sa *Philosophie zoologique*, livre immortel où se trouvent tant d'idées neuves et fécon-

______

(1) C'est en 1801, comme je l'ai déjà dit dans ma première Causerie, que Lamarck a fait connaître brièvement, pour la première fois, ses idées sur l'évolution des êtres vivants.

des sur l'évolution des êtres vivants (1), idées qui devaient être tournées en ridicule par ses contemporains et par ses successeurs.

Devenu aveugle une dizaine d'années avant sa mort, il vécut entouré de ses deux filles, qui lui prodiguaient les soins les plus touchants, et dont l'une rédigea sous sa dictée le dernier volume de son Histoire naturelle des animaux sans vertèbres. Fort peu apprécié des savants de son époque, vieux, usé par le travail, Lamarck mourut à Paris le 18 décembre 1829, laissant ses deux filles dans une réelle misère. « J'ai vu moi-même, en 1832, dit Charles Martins (1), mademoiselle Cornélie de Lamarck attacher, pour un mince salaire, sur des feuilles de papier blanc, les plantes de l'herbier du Muséum où son père avait été professeur. Souvent des espèces nommées et décrites par lui ont dû passer sous ses yeux, et ce souvenir ajoutait sans doute à l'amertume de ses regrets. Filles d'un ministre ou d'un général, les deux sœurs eussent été pensionnées par l'Etat ; mais leur père n'était qu'un grand naturaliste, honorant son pays dans le présent et dans l'avenir ; elles devaient être oubliées, et le furent en effet ».

Après sa mort, Lamarck fut complètement oublié. Aussi, lorsqu'en 1859, Charles Darwin remit au jour, sur des bases nouvelles, la doctrine lamarckienne, personne ne se souvenait de lui. Il m'est douloureux de le dire, et cependant je le dois au nom

---

(1) Lamarck.— *Philosophie zoologique*. Nouvelle édition, revue et précédée d'une introduction biographique, par Charles Martins, (2 vol.), Paris, F. Savy, 1873, t. I. p. XIX.

de la vérité, que c'est un allemand, Ernest Haeckel, considéré à juste titre comme l'un des plus illustres naturalistes actuels, qui a rappelé à la France que le véritable père du transformisme était le français Lamarck.

Espérons que l'avenir sera plus juste envers cet homme de génie, et qu'il est réservé à ce grand nom autant de gloire qu'on a eu pour lui d'indifférence et d'injustice.

Pour apprécier la doctrine évolutionniste de Lamarck, désignée sous le nom de *lamarckisme*, et pour en bien faire ressortir les traits principaux, il faudrait y consacrer de nombreuses pages. Je me bornerai donc, faute de temps, à exposer aussi brièvement que possible les idées philosophiques de Lamarck, renvoyant les lecteurs que cette question pourrait intéresser aux analyses des œuvres de Lamarck, faites par plusieurs naturalistes.

Comme les savants de notre époque, qui se servent de leur raison et non de leur foi en des croyances à priori, pour résoudre le problème de l'origine de la vie, Lamarck admettait que la matière vivante dérive de la matière inerte, de la matière minérale. « Mais, dit M. de Lanessan (1), dans un récent ouvrage sur le transformisme, il lui restait à résoudre une deuxième question : de quelle façon les premiers corps doués de vie, qui sans doute étaient très-simples, ont-ils pu produire

(1) J. L. de Lanessan. — *Le transformisme. Evolution de la matière et des êtres vivants.* Paris, Octave Doin, et Marpon et Flammarion, 1883, p. 39.

les êtres vivants à formes multiples et à organisation complexe, dont nous constatons aujourd'hui l'existence ?

« C'est dans la solution de ce problème que le génie de Lamarck se montre dans toute sa grandeur. C'est ici que se présente à nous, pour la première fois, sous une forme scientifique, la doctrine du transformisme.

« Deux faits, admirablement saisis par Lamarck, servent de base à toute sa théorie.

« Le premier est qu'il n'existe pas deux êtres identiques, mais qu'au contraire tout végétal ou animal possède un ensemble de caractères propres, qui constituent ce que l'on nomme son *individualité*. Ce fait est admis même par les partisans de la création et de la fixité des espèces, qui ne peuvent nier que dans une même espèce on trouve des individus dissemblables à certains égards.

« Le deuxième fait signalé par Lamarck, celui dont la découverte lui est propre, c'est que les variations offertes par les individus sont produites par l'action qu'exerce sur eux le *milieu* dans lequel ils vivent.

« Il est important de bien préciser le sens qu'on doit attacher au mot « milieu ». Nous devons entendre par là : le sol sur lequel vit l'animal ; les conditions de température, d'humidité, d'électricité, etc., du pays qu'il habite ; la nature des êtres qui l'environnent et avec lesquels il se trouve plus ou moins en contact ; en un mot, tout ce qui constitue son entourage, toutes les « circonstances », pour me servir du mot de Lamarck, dans lesquelles il se forme, naît, vit et se propage.

« Ces circonstances, ces conditions de milieu ne peuvent jamais être identiques dans deux points déterminés de l'espace, si voisins qu'on les suppose l'un de l'autre. Il en résulte que sous l'influence de leur action, les individus acquièrent des caractères plus ou moins différents. Une fois produits par l'action du milieu, les caractères seront habituellement transmis par l'individu qui les possède à ses descendants ».

« De grands changements dans les circonstances, dit Lamarck (1), amènent pour les animaux de grands changements dans leurs besoins, et de pareils changements dans les besoins en amènent nécessairement dans les actions. Or, si les nouveaux besoins deviennent constants ou très-durables, les animaux prennent alors de nouvelles *habitudes*, qui sont aussi durables que les besoins qui les ont fait naître. Voilà ce qu'il est facile de démontrer, et même ce qui n'exige aucune explication pour être senti.

« Il est donc évident qu'un grand changement dans les circonstances, devenu constant pour une race d'animaux, entraîne ces animaux à de nouvelles habitudes.

« Or, si de nouvelles circonstances devenues permanentes pour une race d'animaux, ont donné à ces animaux de nouvelles *habitudes*, c'est-à-dire les ont

---

(1) *Op. cit.*, t. I, p. 223.

portés à de nouvelles actions qui sont devenues habi-
tuelles, il en sera résulté l'emploi de telle partie par
préférence à celui de telle autre, et, dans certains cas,
le défaut total d'emploi de telle partie qui est devenue
inutile.

« Rien de tout cela ne saurait être considéré comme
hypothèse ou comme opinion particulière ; ce sont,
au contraire, des vérités qui n'exigent, pour être ren-
dues évidentes, que de l'attention et l'observation des
faits.

« Nous verrons tout à l'heure, par la citation de
faits connus qui l'attestent, d'une part, que de nouveaux besoins ayant rendu telle partie nécessaire, ont
réellement, par une suite d'efforts, fait naître cette
partie, et qu'ensuite son emploi soutenu l'a peu à
peu fortifiée, développée, et a fini par l'agrandir
considérablement ; d'une autre part, nous verrons
que, dans certains cas, les nouvelles circonstances et les nouveaux besoins ayant rendu telle partie
tout à fait inutile, le défaut total d'emploi de cette
partie a été cause qu'elle a cessé graduellement de
recevoir les développements que les autres parties de
l'animal obtiennent ; qu'elle s'est amaigrie et atténuée
peu à peu, et qu'enfin, lorsque ce défaut d'emploi a
été total pendant beaucoup de temps, la partie dont
il est question a fini par disparaître. Tout cela est
positif ; je me propose d'en donner les preuves les
plus convaincantes.

« Dans les végétaux, où il n'y a point d'actions et,
par conséquent, point *d'habitudes* proprement dites,

de grands changements de circonstances n'en amènent pas moins de grandes différences dans les
développements de leurs parties; en sorte que ces
différences font naître et développer certaines d'entre
elles, tandis qu'elles atténuent et font disparaître plusieurs autres. Mais ici tout s'opère par les changements survenus dans la nutrition du végétal, dans ses
absorptions et ses transpirations, dans la quantité de
calorique, de lumière, d'air et d'humidité, qu'il reçoit
alors habituellement ; enfin, dans la supériorité que
certains des divers mouvements vitaux peuvent pren-
dre sur les autres ».

Lamarck résume ensuite, dans les deux lois qui
suivent, les conséquences des habitudes (1) :

« 1° Dans tout animal qui n'a point dépassé le
terme de ses développements, l'emploi plus fréquent
et soutenu d'un organe quelconque, fortifie peu à
peu cet organe, le développe, l'agrandit, et lui donne
une puissance proportionnée à la durée de cet emploi; tandis que le défaut constant d'usage de tel
organe, l'affaiblit insensiblement, le détériore, diminue
progressivement ses facultés, et finit par le faire
disparaître ;

« 2° Tout ce que la nature a fait acquérir ou perdre
aux individus par l'influence des circonstances où
leur race se trouve depuis longtemps exposée, et, par
conséquent, par l'influence de l'emploi prédominant
de tel organe, ou par celle d'un défaut constant
d'usage de telle partie ; elle le conserve par la géné-

______

(1) *Op. cit.*, t. 1, p. 235.

ration aux nouveaux individus qui en proviennent, pourvu que les changements acquis soient communs aux deux sexes, ou à ceux qui ont produit ces nouveaux individus ».

« En résumé, pour Lamarck, dit M. de Lanessan (1), le point de départ de toute variation individuelle se trouve dans l'action des conditions extérieures qui, en créant à l'individu des besoins nouveaux, entraîne la production d'habitudes nouvelles ; celles-ci, à leur tour, déterminent le développement ou même la formation de certaines parties, tandis que d'autres, non utilisées, peuvent disparaître. L'hérédité perpétue ensuite les qualités acquises, et celles-ci prennent un développement d'autant plus considérable que l'espèce envisagée se trouve soumise pendant plus longtemps aux mêmes circonstances ».

J'ai tenu, Messieurs, à reproduire ici, bien qu'ils soient arides et d'une lecture absorbante, quelques-uns des passages les plus importants de la *Philosophie zoologique*, afin de vous faire bien connaître les idées de Lamarck sur l'évolution des êtres vivants. Sa doctrine, il est vrai, a des côtés défectueux. Ainsi, quand il prétend que l'apparition d'organes nouveaux peut se produire uniquement par l'action des habitudes, on ne s'explique pas comment le fait seul du besoin d'un organe peut en déterminer la formation chez un animal. D'après Lamarck, l'organisme est actif et détermine lui-même des modifi-

____

(1) *Op. cit.*, p. 43.

cations, tandis que d'après Charles Darwin, l'organisme est presque complètement passif et subit des modifications au lieu de les déterminer.

Il serait très-facile de montrer, à l'aide de nombreux exemples, en quoi diffèrent les explications données par ces deux grands naturalistes sur les causes de la transformation des espèces ; mais, voulant abréger cette Causerie, je n'en citerai qu'un seul, qui, du reste, me paraît suffisamment démonstratif :

Pour Lamarck, la Girafe a déterminé l'allongement de son cou en s'évertuant toujours, de génération en génération, à manger les feuilles élevées des arbres. — Cette explication n'est pas suffisante, car il est difficile de comprendre comment un organe peut s'allonger ainsi, par le fait seul d'une habitude.

Pour Charles Darwin, l'allongement du cou de la Girafe est le résultat de la sélection naturelle. Dans les troupeaux de Girafes, les individus qui avaient un cou légèrement plus long que celui des autres, pouvaient brouter un peu plus haut, et, en temps de disette, lorsqu'ils étaient obligés de faire de longues étapes pour trouver de la nourriture, ils ont pu, grâce à cette particularité avantageuse, échapper à la mort. Ces individus, en vertu de l'hérédité, ont transmis à leurs descendants cette particularité organique, laquelle étant très-utile dans la lutte pour la vie, s'est accentuée de plus en plus, toutes les fois que les mêmes circonstances se sont reproduites. C'est donc la sélection naturelle qui a déterminé l'allongement caractéristique du cou de ce Ruminant. — Je n'insiste pas sur la supériorité manifeste de cette seconde explication, qui repose sur trois faits bien connus et des plus faciles à constater : celui de l'existence de variations individuelles chez des sujets de même espèce ; celui de la lutte pour la vie, d'où résulte la sélection naturelle ; et celui de la transmission héréditaire des particularités organiques.

Quoiqu'il en soit, c'est à Lamarck que revient le grand honneur d'avoir, pour la première fois, démontré scientifiquement l'évolution des espèces. Nous pouvons donc, avec une légitime fierté patriotique, proclamer Lamarck le véritable créateur du transformisme scientifique.

A côté de Lamarck, et comme précurseur immédiat de Charles Darwin, je dois citer un autre grand nom français, celui d'Etienne Geoffroy-Saint-Hilaire (1772-1844). Cet illustre naturaliste était un partisan convaincu de la variabilité des espèces, mais ses idées transformistes différaient un peu de celles de Lamarck, car il considérait l'organisme comme passif dans la formation des espèces, et il pensait que c'était l'action directe du milieu ambiant qui déterminait les modifications successives des êtres vivants. Il attachait également beaucoup d'importance aux phénomènes tératologiques, et supposait que des individus monstrueux avaient pu, en se reproduisant, devenir le point de départ de nouvelles espèces. Etienne Geoffroy-Saint-Hilaire a le grand mérite d’avoir affirmé que les animaux actuels provenaient des animaux fossiles, par une suite ininterrompue de générations, et d’avoir prétendu que les espèces s’éteignent lentement, graduellement, non pas sous l’influence prépondérante de l’Homme, comme le pensaient Buffon et Lamarck, mais sous l’action de causes naturelles.

Dans ses premières publications, Etienne Geoffroy-Saint-Hilaire avait émis une grande idée qui devait présider à presque tous ses travaux : celle de l’unité de plan de composition du règne animal. D’après cette théorie, qui fut la source de très-importantes découvertes, les animaux ont une structure fondamentale identique, et sont formés de parties analogues entre elles mais extrêmement diversifiées.

La théorie de l’unité de composition, et, par cela même, celles qui en sont les conséquences, furent violemment attaquées, en 1830, par Georges Cuvier (1769-1832). Ce génie puissant, mais surfait, fit triompher complètement ses idées, hostiles aux conceptions synthétiques ; enrayant ainsi pour longtemps les progrès des sciences naturelles. Dans de brillantes leçons au Collège de France, Cuvier, usant de sa grande influence, jeta le discrédit et la défaveur sur la philosophie scientifique, recommandant aux naturalistes de ne s’occuper que des faits, sans chercher à en déduire des conclusions générales. Nommer, classer, décrire, telles devaient être, suivant lui, les seules préoccupations du vrai naturaliste ; et il disait, en 1829, que depuis longtemps il faisait profession de s'en tenir à l'examen des faits positifs.

« De pareilles leçons, faites par un tel homme, dit Edmond Perrier (1), devaient trouver un puissant écho : réduire la science à la récolte des faits, c'était la mettre à la portée des plus humbles intelligences, montrer les plus puissantes conceptions venant se briser l'une après l'autre sur des écueils inattendus, c'était mettre le génie sous les pieds de quiconque tenait une loupe ou un scalpel ; interdire le raisonnement, c'était défendre contre les investigations indiscrètes de la science toutes les croyances, tous les mystères, tous les dogmes ; proscrire ce qu'il y a de plus personnel dans l'Homme, le droit de créer des idées, c'était flatter toutes les vanités. Certainement, de telles intentions étaient bien loin de l'esprit de Cuvier ; mais les actes ont leurs conséquences nécessaires ; l'aurait-il voulu, le grand homme, qui s'était illustré par de si magnifiques conceptions, n'aurait pu empêcher que son nom ne servît de drapeau à une *école des faits*, dont le dédain pour les disciples d'Etienne Geoffroy-Saint-Hilaire devait croître avec l'enthousiasme de ceux-ci ».

Cuvier triompha, et il triompha d'une manière éclatante. Après lui, les naturalistes ne s'occupèrent, surtout en France, que de réunir des faits, sans chercher à les coordonner ; aussi, les conceptions synthétiques, qui sont le couronnement de la science, furent-elles pendant longtemps proscrites et méprisées.

(1) *Op. cit.*, p. 136.

Heureusement, le courant des idées a pris une tout autre direction depuis Cuvier, époque à laquelle, par je ne sais quelles bizarres prétentions, on refusait aux naturalistes le droit d'employer la méthode synthétique, dont les physiciens et les chimistes usent si largement, et qui les a conduits à de brillantes découvertes. Aujourd'hui, les naturalistes ont deux missions : celle d'accumuler patiemment des faits, en les observant avec une très-grande attention, en les décrivant avec la plus rigoureuse exactitude, et celle de grouper ces faits isolés sous forme de conceptions générales qui subsisteront toujours, puisqu'elles seront établies, non sur des hypothèses, mais sur de très-nombreux faits, définitivement acquis à la science. D'ailleurs, ce besoin de généralisation est tellement inné chez les naturalistes, que nous tous, Messieurs, qui consacrons aux sciences naturelles notre vie ou nos loisirs, n'aurions qu'un plaisir bien restreint à observer et à décrire des faits, si nous devions supposer qu'ils resteront toujours à l'état isolé. Au contraire, si nous entreprenons des recherches, si nous faisons des expériences, si nous formons des collections, c'est parce que nous sommes convaincus que nos successeurs se serviront de nos recherches, de nos expériences et de nos collections, pour en tirer des conclusions générales, pour en déduire des théories nouvelles, qui sont l'expression la plus haute de l'intelligence humaine.

Par ses écrits, par son enseignement, Cuvier avait porté un coup terrible aux idées transformistes, mais ces idées trouvèrent cependant un accueil des plus favorables auprès de plusieurs philosophes allemands. J'étonnerai peut-être quelques personnes, auxquelles l'histoire des sciences naturelles n'est pas familière, en leur disant que le plus grand poète de l'Allemagne, Goethe (1749-1832), était aussi un savant de premier ordre et un fervent transformiste. C'est à lui que l'on doit un livre remarquable sur les *Métamorphoses des plantes*, publié en 1790, dans lequel il soutient que toutes les espèces végétales dérivent d'une forme originaire unique, et que les différents organes d'une plante, par une série de transformations et de perfectionnements successifs, proviennent tous d'un seul organe fondamental : la feuille. L'illustre auteur de Faust publia également un ouvrage sur les *Métamorphoses des animaux*, empreint d'idées nettement transformistes, et dans lequel il recherche la forme originelle de toutes les espèces animales.

Ecrivain connu et admiré du monde entier, Goethe ne fut pas apprécié de son vivant comme homme de science, et cependant il a consacré de nombreuses années à l'étude de la nature, qui l'a conduit à sa fameuse théorie de la constitution vertébrale du crâne et à la découverte de l'os intermaxillaire chez l'Homme. Du reste, Goethe a retracé lui-même l'histoire de sa longue éducation de naturaliste et de ses multiples recherches scientifiques, pour répondre à ceux qui traitaient de rêveries de poète ses idées de philosophie naturelle.

Celui qui, dans ses œuvres poétiques et scientifiques, résolvait toutes les questions relatives à l'origine des espèces dans un sens nettement transformiste, devait suivre avec le plus grand intérêt les ardentes discussions d'Etienne Geoffroy-Saint-Hilaire et de Cuvier, qui se terminèrent par le triomphe de ce dernier et par l'oubli du transformisme. L'anecdote suivante, extraite par Haeckel des récits de Soret, en est un excellent témoignage :

« Dimanche 2 août 1830. — Les journaux nous ont annoncé aujourd'hui que la révolution de Juillet était commencée et ont tout mis en émoi. Dans l'après-midi, je suis allé chez Goethe. « Eh bien ! s'écria-t-il en m'apercevant, que pensez-vous de ce grand événement ? Le volcan est en éruption ; tout est en flammes ; ce n'est plus ici un débat à huis clos. — Un grave événement, répliquai-je ; mais, d'après ce que l'on sait des choses, et avec un tel ministère, il faut s'attendre à ce que cela finisse par l'expulsion de la famille royale. — Nous ne paraissons pas nous entendre, mon excellent ami, répliqua Goethe. Je ne vous parle pas de ces gens ; c'est d'une bien autre affaire qu'il s'agit pour moi ; j'entends parler de l'éclat qui vient de se faire à l'Académie, au sujet du débat si important pour la science, survenu entre Cuvier et Geoffroy-Saint-Hilaire ».

« Le vivant tableau de cette lutte mémorable, dit Haeckel (1), n'a été achevé par Goethe qu'en 1832, peu de jours avant sa mort. C'est donc le dernier

____

(1) *Op. cit.*, p. 712.

écrit, c'est le testament de notre plus grand poète et de notre plus grand penseur, et c'est encore à cette lutte intellectuelle que se rapporte son dernier mot : plus de lumière ». (1)

Avant d'arriver à Charles Darwin, je ne puis passer sous silence une école, dite des *philosophes de la nature*, qui a eu en Allemagne son heure de célébrité. Ces philosophes, dont les plus remarquables furent Schelling (1775-1854), Oken (1779-1851) et Spix (1781-1826), s'efforçaient d'expliquer tous les phénomènes, en partant d'idées abstraites, et avec la seule aide du raisonnement pur ; aussi, les idées transformistes qu'ils ont émises, dont plusieurs sont fort ingénieuses, ne devaient laisser dans la science qu'une trace éphémère.

Les théories qui subsistent reposent exclusivement sur des faits maintes fois constatés, c'est-à-dire inattaquables. Telle est la doctrine transformiste actuelle, établie par Charles Darwin.

Cet illustre naturaliste anglais, qui est certainement l'un des plus grands penseurs de l'humanité, naquit à Shrewsbury, le 12 février 1809. Il terminait ses études, quand une circonstance, des plus heureuses par ses résultats, vint décider de sa vocation. En 1831, le capitaine Fitzroy, qui devait entreprendre sur le *Beagle* un voyage autour du monde, offrit de céder la moitié de sa cabine à un naturaliste. Charles Darwin accepta l'offre et refusa toute indemnité, à la condition de rester possesseur des collections qu'il réunirait.

---

(1) « *Mehr licht*».

Ce voyage de circumnavigation dura cinq années, et il eut une influence considérable sur les travaux de celui qui devait, pour jamais, établir le transformisme. C'est en parcourant l'Amérique méridionale que Charles Darwin put étudier les rapports entre la faune actuelle et la faune éteinte de ce vaste continent, et constater un très-grand nombre de faits qui semblent, comme il le dit lui-même, « jeter quelque lumière sur l'origine des espèces ». Rappelons à ce sujet, avec M. Mathias Duval (1), que l'hérédité n'est pas étrangère à l'aptitude si merveilleuse de Charles Darwin pour l'observation et la généralisation, car son père et son grand-père, l'un et l'autre médecins, étaient habitués comme tels à l'observation et à l'interprétation des phénomènes de la nature.

A son retour en Angleterre, Charles Darwin s'occupa, pendant plus de vingt années consécutives, à recueillir une immense quantité de faits et à entreprendre des expériences sans nombre pour établir, sur des bases solides, sa théorie transformiste. Peut-être aurait-il différé longtemps encore la publication de l'exposé de sa doctrine, voulant la rendre aussi démonstrative que possible et l'asseoir sur une très-large base expérimentale, si une circonstance particulière n'était venue l'y forcer. En 1858, Charles Darwin reçut d'Alfred-Russel Wallace, naturaliste anglais qui avait étudié en détail les animaux de l'archipel indien, un mémoire dans lequel se trouvaient exposées

---

(1) Mathias Duval. -- *Le Darwinisme*, Paris, Adrien Delahaye et Emile Lecrosnier, 1886, p. 200.

quelques-unes des idées fondamentales de sa théorie. Tenant à faire publier immédiatement le travail de Wallace dans un recueil anglais, comme ce naturaliste l'en avait prié, mais voulant aussi sauvegarder ses droits, Charles Darwin présenta simultanément à la Société linnéenne de Londres, sur le conseil du Dr Hooker et de Charles Lyell, le mémoire de Wallace et un résumé de sa doctrine transformiste, qu'il préparait depuis plus de vingt ans. Enfin, au mois de novembre 1859, il faisait paraître son ouvrage sur *L'Origine des Espèces*.

L'apparition de ce livre célèbre eut un immense retentissement, souleva d'ardentes discussions. Charles Darwin n'entreprit cependant aucune polémique pour défendre ses idées, et se contenta de répondre à ses contradicteurs par la publication d'autres ouvrages, qui renfermaient les développements nécessaires des points principaux de sa doctrine.

Charles Darwin passa presque toute son existence dans une paisible retraite, à Down-Beckenham (comté de Kent). Consacrant tous ses instants à la science, il n'occupa qu'une fonction publique, celle, peu absorbante, de magistrat de son comté. Il ne fit aucune leçon, aucune conférence, mais, par ses livres, il propagea les idées transformistes dans le monde entier, et il eut bientôt de nombreux disciples, parmi les savants les plus éminents.

Lorsqu'on parcourt la liste de ses ouvrages, au nombre de plus de quarante, et qui ont trait, soit à la doctrine transformiste, soit à des questions particulières de zoologie, de botanique et de géologie, on est effrayé de la somme prodigieuse de travail qu'il a fallu, pour élever à la science un pareil monument. Seuls une vie intellectuelle tranquille et un recueillement intime, loin du monde et de ses agitations troublantes, permettent d'arriver à un semblable résultat. C'est dans sa petite maison de Down, où avaient été conçus et rédigés tous ses grands ouvrages, que ce puissant génie s'éteignit le 19 avril 1882. Enterré avec une grande pompe dans l'abbaye de Westminster, il repose aujourd'hui près de son illustre compatriote Isaac Newton.

Telle est, Messieurs, retracée aussi brièvement que possible, l'histoire du transformisme, depuis les philosophes de l'Ecole d'Ionie jusqu'à Charles Darwin. Dans ce rapide historique, j'ai dû forcément laisser de côté beaucoup de noms célèbres, mais je ne pouvais citer ici tous les ouvrages où l'on trouve des considérations sur l'évolution des espèces. Cette analyse, suffisamment développée, ferait à elle seule le sujet d'un gros volume. Je renvoie donc les lecteurs qui s'intéressent à l'histoire des sciences naturelles aux ouvrages publiés sur cette matière, en leur rappelant que Charles Darwin a donné lui-même, en tête de son *Origine des Espèces*, une notice historique sur les travaux de ses précurseurs.

Il me reste encore à parler des progrès du transformisme, depuis la publication des premiers ouvrages de Charles Darwin jusqu'à ce jour. Enumérer ces progrès, ce serait citer la presque totalité des travaux importants qui ont été faits dans ces vingt-cinq dernières années, car la doctrine darwinienne a suscité un nombre considérable de recherches et a donné aux sciences naturelles un essor incomparable. Le sujet étant très-vaste, et ma Causerie déjà trop longue, je n'en parlerai qu'en peu de lignes.

Dès son apparition, la théorie de Charles Darwin fut attaquée de toutes parts. En 1860, dans une réunion de naturalistes anglais, l'évêque d'Oxford la condamna comme étant irréligieuse, mais l'assistance, le blâmant, se prononça en faveur de Darwin. C'est à propos de cette discussion que l'un des plus grands savants de l'Angleterre, Huxley, fit cette réponse à l'évêque d'Oxford : « Si j'avais, dit-il, à choisir mes ancêtres entre un Singe perfectible et un Homme qui emploie son esprit à se moquer de la recherche du vrai, je préférerais le Singe »; réponse sévère mais juste, car vouloir flétrir ou étouffer la vérité, sous prétexte qu'elle est en désaccord avec un dogme ou une loi sociale, c'est commettre une action indigne et méprisable. La science a pour unique objet la recherche de la vérité, et elle doit marcher droit au but, sans avoir à s'inquiéter de ce qu'elle peut détruire sur son passage.

Si la théorie de Charles Darwin était vivement combattue par le monde religieux, elle rencontrait aussi de nombreux adversaires parmi les savants, même les plus distingués. En France, l'un de ses premiers contradicteurs fut Flourens, mais le célèbre Secrétaire perpétuel de l'Académie des Sciences l'attaqua de parti pris, cherchant surtout à la faire sombrer, et remplaçant les arguments scientifiques par des jugements légers, parfois puérils et inconvenants.

Heureusement, pour l'honneur de notre pays, la doctrine darwinienne, dont j'ai fait l'exposé dans ma première Causerie, devait être jugée d'une façon toute différente. Dans un excellent et consciencieux ouvrage (1), l'un de nos plus savants zoologistes français, M. de Quatrefages, critiquait, avec modération et courtoisie, certains points de cette doctrine, en reconnaissant les nombreux faits qui militent en sa faveur, et en rendant un sincère hommage au grand naturaliste qui l'avait édifiée.

Lorsque le darwinisme fut connu de tous les savants, chacun d'eux entreprit des recherches pour le confirmer ou le combattre, et l'on peut dire, sans aucune partialité, que la plupart des études récentes sont venues lui fournir de nouveaux arguments. L'embryologie, ou histoire du développement des animaux, cultivée avec beaucoup d'ardeur depuis une trentaine d'années, donne à chaque instant une confirmation nouvelle de la doctrine transformiste ; et les recherches paléontologiques, en exhumant sans cesse des animaux et des végétaux fossiles, nous font retrouver les ancêtres de nos espèces actuelles. Dès l'année 1863, Huxley démontre péremptoire-

____

(1). De Quatrefages. --- *Charles Darwin et ses précurseurs français*, Paris, Germer Baillière et Cie, 1870.

ment (1) que par la totalité de leurs caractères anato-
miques, les trois grands singes anthropomorphes, le
Gorille, le Chimpanzé et l'Orang-Utan, se rappro-
chent beaucoup plus de l'Homme que des autres singes. Ce fait est confirmé depuis par tous les anato-
mistes qui s'occupent de cette importante question.

Un an plus tard, Haeckel découvre à Villefran-
che, près de Nice, la première des Monères, organismes des plus simples, qui ne sont qu'un micros-
copique fragment de gelée vivante, et dont les plus
inférieures n'ont aucune forme définie, sans la
moindre trace d'organisation. Selon Haeckel, ces
Monères nous donnent une idée très-exacte des
formes animales primitives, qui ont dû apparaître
spontanément au sein des premiers océans, sous la
seule action de forces physico-chimiques, lorsque,
grâce à la diminution de chaleur, la vie a pu se
manifester à la surface de notre globe.

L'année 1868 voit paraître une nouvelle théorie
transformiste, celle de la ségrégation et des migrations, due au savant allemand Moritz Wagner.
D'après ce naturaliste, l'isolement et les migrations
sont les seuls agents de l'évolution des espèces ; et il
cite, pour confirmer sa théorie, un grand nombre
de faits qui, à cet égard, sont des plus démonstratifs.
Certes, Wagner a raison sur plusieurs points, car il
n'est pas douteux que l'isolement et les migrations

______

(1). Th. H. Huxley. — *De la place de l'Homme dans la
nature*, traduit, annoté, etc., par le Dr E. Dally, Paris, J. B.
Baillière et fils, 1868.

aient joué un rôle important dans la formation des variétés et des espèces, mais sa théorie est absolument insuffisante pour expliquer l'évolution générale des êtres vivants. Il faut lui joindre, de toute nécessité, la sélection naturelle, dont l'influence a été prépondérante dans les transformations si variées des animaux et des végétaux.

De mémorables expéditions, celle du *Blake* en Amérique ; du *Lightning*, du *Porcupine* et du *Challenger* en Angleterre, sont entreprises pour étudier les grands fonds sous-marins, et démontrent que la vie animale existe sur toute l'étendue et à toutes les profondeurs des mers. Dans ce grand mouvement scientifique, la France ne reste pas en arrière, et les recherches effectuées par *Le Travailleur* et *Le Talisman*, sous l'habile direction de notre éminent zoologiste, M. Alphonse Milne-Edwards, resteront un honneur pour notre pays. Dans ces expéditions, la drague et le chalut ont ramené, non-seulement un très-grand nombre d'espèces nouvelles pour la science, mais encore des formes presque identiques à des espèces fossiles, des types de transition entre des espèces déjà connues, et de nombreux animaux qui montrent, de la façon la plus évidente, combien est grande l'action des milieux sur la transformation des êtres vivants. Ces admirables recherches nous prouvent encore ce fait, du plus haut intérêt, que la faune abyssale ou profonde est dérivée de la faune littorale, en d'autres termes, que les animaux des grands fonds sous-marins proviennent d'animaux **des rivages.**

En 1881, M. Edmond Perrier publie un très-remarquable ouvrage (1), dans lequel il démontre que les organismes supérieurs ne sont que des associations, des colonies d'organismes simples, diversement groupés. Passant en revue tout le règne animal, depuis les formes les plus rudimentaires jusqu'aux vertébrés supérieurs, il expose, d'une manière magistrale et dans un ordre rigoureux, la quantité considérable de faits qui sont en parfait accord avec la théorie darwinienne.

Enfin, par leurs grands ouvrages et par leurs recherches spéciales, Alfred-Russel Wallace, qui découvrit en même temps que Charles Darwin la loi de la sélection naturelle, Huxley, John Lubbock, Haeckel, Carl Vogt, Claus, Gegenbaur, Oscar Schmidt, les deux Kowalewski, Edmond Perrier, Albert Gaudry, Gabriel de Mortillet, Mathias Duval, etc., etc., établissent le transformisme sur des bases inébranlables.

Je m'arrête, Messieurs, ne voulant pas abuser davantage de votre bienveillante attention. Je tenais seulement à citer quelques naturalistes célèbres, pour vous montrer que le transformisme occupe aujourd'hui dans la science la place d'honneur qu'il mérite. En Allemagne et en Angleterre, il est presque universellement adopté, et nous pouvons affirmer que le nombre de ses partisans augmente sans cesse dans notre pays. Depuis les savants les plus éminents

---

(1) Edmond Perrier. — *Les colonies animales et la formation des organismes.* Paris, G. Masson, 1881.

jusqu'aux plus modestes conférenciers, tous s'efforcent de confirmer et de propager la doctrine transformiste, et ils peuvent dire, comme la belle devise de votre laborieuse cité : « Tout le monde y travaille ».

Les Myriopodes de la Normandie (1re liste), suivie de *Diagnoses d'Espèces et de Variétés nouvelles*, par le Dr Robert Latzel, in Bull. Soc. Amis Sciences natur. de Rouen, 2e sem. 1883, avec 1 pl. lithographiée.

Note sur une Espèce nouvelle de Champignon entomogène (*Stilbum Kervillei*, Quélet), in Bull. Soc. Amis Sciences natur. de Rouen, 2e sem. 1883, avec 1 pl. en couleur.

Sur la manière de décrire et de représenter en couleur les animaux à reflets métalliques, in Bull. Assoc. franç. Avancement Sciences, Congrès de Rouen, ann. 1883, avec fig. dans le texte.

Aperçu de la faune actuelle de la Seine et de son embouchure, depuis Rouen jusqu'au Havre, in 2e vol. de *L'Estuaire de la Seine*, par G. Lennier. Le Havre, imp. du journal *Le Havre*, 1885.

Note sur les Crustacés Schizopodes de l'Estuaire de la Seine, suivie de la description d'une Espèce nouvelle de Mysis (*Mysis Kervillei*, G. O. Sars), par G. O. Sars, in Bull. Soc. Amis Sciences natur. de Rouen, 1er sem. 1885, avec 1 pl. gravée.

Note sur un hybride bigénère de Pigeon domestique et de Tourterelle à collier, suivie de la Récapitulation des hybrides uni et bigénères observés jusqu'alors dans l'Ordre des Pigeons, in Bull. Soc. Amis Sciences natur. de Rouen, 2e sem. 1885.

Etc., etc.

www.ingramcontent.com/pod-product-compliance
Lightning Source LLC
Chambersburg PA
CBHW061330050726

47595CB00005B/1864